Antonio Guzman Maldonado et al.

Robótica asistencial implementada en personas con ciertas limitaciones

GRIN Publishing

Bibliographic information published by the German National Library:

The German National Library lists this publication in the National Bibliography; detailed bibliographic data are available on the Internet at http://dnb.dnb.de .

Imprint:

Print and binding: Books on Demand GmbH, Norderstedt Germany
ISBN: 978-3-656-86543-8

This book at GRIN:

http://www.grin.com/es/e-book/285505/robotica-asistencial-implementada-en-personas-con-ciertas-limitaciones

INSTITUTO TECNOLÓGICO SUPERIOR DE TIERRA BLANCA

FACULTAD DE INGENIERÍA

CARRERA INGENIERÍA EN MECATRÓNICA

MATERIA: FUNDAMENTOS DE INVESTIGACIÓN

ROBÓTICA ASISTENCIAL, IMPLEMENTADA EN PERSONAS CON CIERTAS LIMITACIONES

PRESENTADO POR:

Guzmán Maldonado Antonio

Salvador Miguel Fernando

Lara Ramírez Francisco

Carrillo sosa Aldair

García Godínez Javier

Peña Lepe Sergio

Resumen

En esta investigación se abordara el tema de robótica asistencial, el campo de estudio, será basado principalmente en personas que han perdido algunas de sus extremidades o la inmovilidad total, que en lo cual les ha impedido en el trayecto de su vida cotidiana realizar ciertas tareas de forma autónoma, es por ello que se implementara mecanismo programables que cumplan ciertas tareas y funciones, La implementación del hardware consta de una plataforma arduino, microcontroladores, easyVR, teclado matricial, que en lo cual será de gran utilidad para controlar la silla eléctrica, las funciones principales para el control de la silla de ruedas será; control automático de la silla por medio del teclado matricial, control automático por comando de voz. El objetivo general es mejorar la calidad de vida de cuyas personas mencionadas. La importancia de crear mecanismos ahora en día, para ayudar a persona que sufren alguna discapacidad, es algo nuevo e innovador, ya que la robótica siempre ha estado enfocado más hacia la industria y la tecnología.

Palabras clave: Autonomía, control, confort.

Abstract:

In this research the topic of assistive robotics outset, the field of study will be based primarily on people who have lost some of their limbs or total immobility, that which has kept them in the course of their daily lives to perform certain tasks autonomously, that is why programmable mechanism which fulfill certain tasks and functions are implemented, the hardware implementation consists of an Arduino platform, microcontrollers, easyVR, matrix keyboard, that which will be useful for controlling the electric chair, the main functions to control the wheelchair will be; Automatic control of the wheelchair by matrix keyboard, automatic control by voice command. The overall objective is to improve the quality of life of which people mentioned. The importance of creating mechanisms now in day to help people, who suffer a disability, is something new and innovative, and that robotics has always been geared more towards industry and technology.

Keywords: Autonomy, control, comfort.

El siguiente proyecto se enfoca en el área de la robótica asistencial, para ayudar a personas que sufran alguna discapacidad motriz o inmovilidad total. La idea se basa en crear una silla de ruedas eléctrica que cumpla con ciertas funciones para mejorar la calidad de vida del afectado. Para el desarrollo del prototipo se ha tomado en cuenta las causas por la cual una persona puede perder un miembro o la inmovilidad total del cuerpo, alguna de las causas son las siguientes:

- Accidentes automovilísticos
- Síndrome de Guillain-Barré
- Derrame cerebral
- Atrofia muscular espinal
- Osteogénesis imperfecta
- Paraplejia
- Tetraplejia
- Hemiplejia
- Diabetes
- Isquemia periférica

Síndrome de Guillain-Barré.

El síndrome de Guillain-Barré es una enfermedad del sistema nervioso periférico, está ligado principalmente con los nervios motores, nervios sensitivos, y los nervios autonómicos, a causa de esto la persona tendera a perder de la fuerza en la parte motora. Esta se presenta en personas que están más sanas.

> "El síndrome de Guillain-Barré (SGB) es una enfermedad inmunitaria poco común de los nervios periféricos y de las raíces nerviosas. (Hughes 2005). Se presenta con características como parálisis ascendente simétrica progresiva, pérdida de los reflejos tendinosos, disautonomía, déficits sensoriales e insuficiencia respiratoria, y llega generalmente al nadir dentro de las cuatro semanas del inicio (Khan 2004; Khan 2009). El SGB tiene una incidencia mundial anual de una a dos de cada 100 000 personas. Los estudios poblacionales indican que el SGB rara vez posee una concentración geográfica (Hahn 1998; Hughes 1997) y puede ocurrir a cualquier edad, pero es más común entre los 30 y 50 años. El SGB se reconoce como un síndrome heterogéneo con diversas variantes. El tipo más común de SGB es la polirradiculoneuropatía desmielinizante inflamatoria aguda. Los subtipos axonales incluyen la neuropatía axonal motriz aguda y la neuropatía axonal aguda motriz y sensorial. Las variantes del SGB incluyen el síndrome de Miller Fisher (compromiso de pares craneales, ataxia) y la pandisautonomia aguda (Hughes2005)."
> (Fary & otros, 2010, p.2).

Derrame cerebral.

El derrame cerebral es causado por la disminución de flujo de sangre y oxígeno a una parte del cerebro, se dice que es la principal causa de invalidez en los adultos, las personas que están en riesgo de presentar un derrame cerebral son: los diabéticos, las personas con presión arterial alta, las personas con enfermedades cardiacas, o personas fumadoras. Para evitar un derrame cerebral se debe de cambiar la forma de alimentación, y hacer ejercicio.

> Producido por el personal y los médicos de California Pacific Medical Center en asociación con Center for Patient and Community Education, 2010
>
> "Un derrame cerebral (ataque cerebral) se produce cuando un vaso sanguíneo (arteria) que transporta sangre al cerebro se bloquea o estalla. La falta de flujo sanguíneo provoca la muerte de las células cerebrales. Después de un derrame cerebral, es posible que se pierdan algunas funciones corporales, como el habla o la movilidad de algunas partes del cuerpo. Esto depende de dos factores: qué parte del cerebro sufrió el daño qué tan severo fue el ataque. Los derrames cerebrales constituyen la tercera causa principal de muerte en los Estados Unidos después de la enfermedad del corazón y el cáncer, y constituyen la principal causa de incapacidad seria y a largo plazo."(p.3)

Atrofia muscular.

La atrofia muscular espinal es una enfermedad genética que ataca a las neuronas motoras que se localizan en la medula espinal, a medida que se van perdiendo esas neuronas el cuerpo pierde la capacidad de movilidad en piernas y brazos, así como la dificultad de presenta para poder caminar, tragar, respirar y controlar la cabeza.

> "La atrofia muscular espinal (AME) es una enfermedad neurodegenerativa caracterizada por la afectación de las células del asta anterior de la médula espinal, con debilidad proximal y simétrica y atrofia progresiva de los grupos musculares. El nivel de afectación de esas neuronas no es similar en todos los pacientes y se clasifica generalmente en tres grupos sobre la base de la gravedad de los síntomas, la edad de aparición y la evolución. Cuando el cuadro clínico es muy grave se manifiesta a partir del nacimiento o a las pocas semanas de vida e inclusive muchas madres notan disminución de los movimientos fetales durante el embarazo. Los bebés afectados tienen una marcada disminución de los movimientos musculares y del tono muscular y nunca llegan a sentarse porque el tronco no alcanza a desarrollar la suficiente fuerza. Lo mismo les ocurre a los músculos respiratorios intercostales y éste es el motivo de que las complicaciones importantes sean de tipo respiratorio y tengan un desenlace fatal (en general antes de los dos años de edad) en estos pacientes." (Tizzano, p.11, 2007)

Osteogenesis.

La osteogenesis imperfecta es una enfermedad genética, esta ataca principalmente a los huesos, las persona que padecen esta enfermedad suelen tener fracturas y deformaciones óseas a menudo, lo cual le impide llevar una vida normal, aunque existen ciertas terapias y cirugías para tratar esta enfermedad.

> "La osteogénesis imperfecta (OI) o "enfermedad de los huesos de cristal", es un trastorno hereditario del tejido conectivo que comprende un amplio espectro de presentaciones fenotípicas. Se trata de un trastorno genéticamente heterogéneo, el 90% de los casos se deben a mutaciones autosómicas dominantes, mientras que el restante 10% se deben a mutaciones autosómicas recesivas o de causa desconocida." (Gutiérrez, y otros, 2013, p.75)

Tetraplejia.

La tetraplejia tiene lugar a la lesión provocada en los segmentos cervicales de la medula espinal, lo cual provoca una gran paralasis en todo el cuerpo, tanto en brazos como en piernas y el tronco del cuerpo humano.

> "Tetraplejia, reemplazando el de cuadriplejia, como la pérdida de función motora y /o sensitiva en los segmentos cervicales de la médula espinal, que ocasiona un déficit funcional en los brazos, tronco, piernas y órganos pélvicos. No incluye lesiones de plexo braquial ni de los nervios periféricos fuera del canal medular."
> (Rodríguez, y otros, 2010, p.28)

Paraplejia.

La paraplejia es una lesión en la medula espinal, lo cual produce una parálisis y perdida de sensibilidad en los miembros, por lo regular se presenta de la cintura hacia abajo. Las causas que la provocan pueden ser por: traumatismo obstétrico, tumores, esclerosis múltiple, caídas, accidentes de tránsito, por arma de fuego, o por lesiones deportivas.

> "Para las personas con paraplejia, este cambio se origina por la pérdida del control del tronco y la parálisis de los músculos por debajo del nivel de la lesión, cuya consecuencia es una alteración en la estabilidad del cuerpo, con pérdida del equilibrio al sentarse, debido a la modificación en la postura y la dificultad para movilizarse y caminar."
> (Moreno & Pilar, 2012, p.85).

Hemiplejia.

La hemiplejia es una lesión neurológica, en la que la mitad del cuerpo queda paralizado debida a una lesión del cerebro, generalmente el lado afectado es el opuesto al hemisferio cerebral dañado, esto es que si una persona sufre una lesión en el hemisferio izquierdo, el efecto de la incapacidad se presentara en el lado derecho y viceversa.

> "La hemiplejia es la parálisis de un lado del cuerpo, que aparece como resultado de la lesión de las vías de conducción de impulsos nerviosos del encéfalo o de la médula espinal. Se genera como consecuencia de un bloqueo arterial que priva al cerebro de irrigación sanguínea. La gran incidencia de los accidentes cerebro vasculares que resultan en una hemiplejia hace que este tipo de trastornos merezca una especial atención dentro del ámbito de la fisioterapia."
> (Villarroya & Asunción, 2012, p.2)

Accidentes automovilísticos.

Hoy en día los accidentes automovilísticos, así como las enfermedades, han sido las principales causas, por la cual, una gran cantidad de personas han perdido totalmente sus extremidades o la inmovilidad. Esto puede ocurrir en cualquier etapa de vida de la persona.

> "El número de personas con problemas de movilidad está creciendo en los últimos años en los países desarrollados, como consecuencia de una mayor esperanza de vida y del gran número de accidentes de tráfico. La posibilidad de transferir y adaptar resultados del campo de la robótica a este colectivo resultaría de enorme interés toda vez que repercuta en una mejor calidad de vida y una mayor integración social".
> (Gonzales, y otros, 2008, p.38).

Diabetes.

La diabetes es una enfermedad que afecta a millones de personas principalmente a personas mayores de 60 años, esta enfermedad en la actualidad no tiene cura, se caracteriza por el aumento de glucosa en la sangre, esto se debe a que existe un déficit en la producción de insulina. Los daños que causa esta enfermedad son irreversibles, ya que pueden perder algunas de sus extremidades si no se usa un tratamiento adecuado para controlar la glucosa.

> National Limb Loss Information Center
>
> "Cada año, la mayoría de las nuevas amputaciones se deben a complicaciones del sistema vascular (relacionado con los vasos sanguíneos), causadas sobre todo por la diabetes. Este tipo de amputación se conoce como vascular. Aunque la tasa de amputaciones relacionadas con el cáncer y con traumatismos está disminuyendo, la tasa de amputaciones vasculares va en aumento. La incidencia de deficiencias congénitas (presentes en el nacimiento) de las extremidades ha experimentado muy pocos cambios" (2006, p.1).

Isquemia periférica.

La isquemia periférica es la disminución de flujo sanguíneo a alguna parte del cuerpo, lo cual provoca ciertas lesiones ya que disminuye la aportación de oxígeno y nutrientes que llegan a través de la sangre.

> "La incidencia general de amputaciones se eleva de forma constante debido a los mayores índices de accidentario y a la prolongación media de la vida que permite la supervivencia de ancianos con trastornos generales predisponentes a la amputación (como las isquemias periféricas). Así, KESSLER indica que, durante la Segunda Guerra Mundial, 18.000 soldados americanos perdieron miembros como resultado de lesiones bélicas, pero en el mismo período de cuatro años, 120.000 americanos civiles resultaron amputados a consecuencia de lesiones accidentales"
>
> (Ramos & Baryolo, 2005, p.3).

Enfermedad arterial periférica.

La enfermedad arterial periférica, es una enfermedad que presenta complicaciones en los vasos sanguíneos, existe un obstrucción en el paso de la sangre por las arterias, estos se debe a que se encuentran placas de colesterol alrededor de ellas, esto hace que no llegue perfectamente la sangre hasta los pies. Esta enfermedad la pueden padecer las personas que tienen un colesterol alto, que son hipertenso, los diabéticos, y personas fumadoras. Los principales síntomas para detectar esta enfermedad es: cansancio al caminar, pies frio y el cambio de color en los pies. Esta enfermedad puede ocasionar problemas irreversibles como una amputación e inclusive la muerte.

> "La enfermedad arterial periférica (EAP) es la afectación de la circulación arterial sobre todo a nivel de las extremidades inferiores. La prevalencia de esta patología aumenta con la edad. Teniendo en cuenta el envejecimiento poblacional, ésta es una de las dolencias más frecuentes que encontraremos en la consulta. La mayoría de afectados estarán asintomáticos, lo que supone un reto, ya que hemos de realizar un esfuerzo activo para detectarlos. Al diagnosticar la EAP, debemos hacer entender a nuestros pacientes que el riesgo no es perder la extremidad, sino sufrir complicaciones cardiovasculares mayores o la muerte. Estamos ante una enfermedad sistémica, que en nuestro caso afecta a las extremidades, pero que puede afectar también al corazón o al cerebro. Definimos la EAP como cualquier proceso patológico que cause obstrucción del flujo sanguíneo arterial sistémico1; por lo tanto; excluimos las arterias coronarias y las arterias cerebrales. En la práctica clínica habitual, es la obstrucción de las arterias que irrigan las extremidades inferiores. Dicho estrechamiento provoca un descenso del flujo arterial. Esta falta de sangre Lo más frecuente es que sea una patología asintomática, pero el no tener síntomas no significa que no se tenga la enfermedad. Las arterias llevan sangre para mantener vivas las piernas. Cuando llega menos sangre, empezamos a sentir dolor al caminar, claudicación intermitente; es el conocido síndrome del escaparate, un dolor en la zona de la pantorrilla oxigenada es la causa del dolor en las extremidades al caminar, claudicación intermitente o síndrome del escaparate. En los cuadros más graves, esta isquemia de la extremidad puede llegar a provocar lesiones tisulares graves (gangrena)." (Romero, 2010, p.5-7).

La invención de la silla de ruedas en la antigüedad, se basó en los múltiples problemas que tenían todas las personas con una discapacidad motriz, es así que con el paso de los años y la aparición de la tecnología ha permitido crear un sin fin de mecanismos sofisticados para ayudar a personas que tienen un discapacidad, como lo que hoy en día se conoce.

> "La historia de las sillas de ruedas como dispositivos médicos surge en torno a finales del siglo 18, por esta época aparecieron por primera vez en catálogos de instrumentos quirúrgicos y médicos como vehículos para el transporte de pacientes (el termino de silla de ruedas es un lenguaje del siglo 20), sin embargo, estas sillas se usaban en Europa desde mediados del siglo 17. No obstante, recientemente en el siglo 20 las sillas de ruedas cambiaron de un modo de transporte para personas ricas con discapacidad a ser usadas en personas heridas, enfermas y/o discapacitadas en general. con el crecimiento y mejora de la especialización de la profesión médica, sus cuerpos de emergencia, las organizaciones médicas, la creación y perfeccionamiento de revistas médicas permitió

> que expertos médicos tengan una herramienta muy útil para movilizar personas con alguna discapacidad ya sea física o mental ".(López, 2013,p. 4)

Para el desarrollo y manufactura del prototipo se usara la base robótica ya que es la integración de distintas disciplinas como la informática, la electrónica, la inteligencia artificial, la programación y la física entre otras, y se utiliza para facilitar los distintos procesos, esta se ocupa del diseño, manufactura y la aplicación de los robots.

> "La Robótica hace unión de diferentes disciplinas para desarrollar robots capaces de realizar muchas labores humanas o simplemente facilitarlas. Dichas disciplinas incluyen la mecánica, la electrónica, la informática, la inteligencia artificial, la ingeniería de control y la física. Dentro del conjunto de robots existen un sinfín de formas de agrupar los robots, en este caso se explicarán los diferentes tipos existentes en base a la función que ejercen."
>
> (Navas, 2013, p.13).

En esta investigación es importante resaltar el tipo de mecanismo que se implementaran a las personas que sufran una discapacidad motriz, que en lo cual se usara una silla de rueda convencional, con su respectivas modificaciones mecánica, y posteriormente para que el usuario pueda tener una comodidad al realizar cualquier actividad de forma autónoma, se optó por tomar este prototipo ya creado, para reducir costos en la manufactura, y que posteriormente las personas que sufran una discapacidad puedan obtener una, a un precio accesible.

> "Una silla de ruedas debe tener como objetivo permitir al usuario la máxima funcionalidad, comodidad y movilidad. Para cumplir con este objetivo, la silla debe estar pensada para ajustarse a la persona, no es la persona la que debe amoldarse a su silla. Si se escoge una silla de ruedas no apropiada, puede resultar incomoda o por ejemplo tener un asiento en el que el usuario resbale hacia delante o se incline hacia un lado. El resultado será que la energía del usuario se malgastará de manera innecesaria debido al esfuerzo continuado por modificar su postura. Una silla de ruedas inapropiada puede incluso provocar una discapacidad extra" (Consideraciones Biomecánicas, 2005, p.2).

Posteriormente la silla de ruedas constara de un mecanismo previamente definido, en la cual, una persona que sufra alguna discapacidad podrá de alguna manera hacer sus necesidades fisiológicas, al igual que otras acciones repetitivas de su vida cotidiana. El material utilizado para la construcción de las partes mecánicas, serán, materiales ligeros de alta calidad y durabilidad. La manufactura de sus partes serán construidas y diseñadas al tal manera que tenga cavidad en espacios reducidos, estos puede será posible ya que sus parte que la constituirán serán plegables.

> "Se entiende por robot de servicios aquel que trabaja bien de forma automática o semiautomática en la ejecución de alguna tarea beneficiosa para las personas que no es puramente de fabricación. Es preciso destacar que pueden darse la coexistencia de robot de servicios en plantas industriales, y por otro lado también es posible la utilización de robots industriales en tareas no productivas. Los robots industriales son diseñados teniendo en cuenta unas precisas especificaciones de velocidad, capacidad de carga, alcance, destreza, etc. y casi siempre responden al patrón antropomórfico de brazo manipulador."
> (Jardon, 2066, p.14).

La silla de ruedas se construirá con materiales comerciales de muy bajo costo, el prototipo contara con un diseño universal, con el fin de que todas las personas que sufran cualquier discapacidad puedan manipular a sus necesidades pertinentes. Tomando en cuenta en las normas actuales y los estándares marcado con el fin de darle un buen confort al usuario.

> "En este artículo se presenta un prototipo de silla de ruedas que será empleado como plataforma para el desarrollo sistemas de control gestual en pacientes con paraplejia y cuadriplejia. El diseño del prototipo es estructural (armadura) de modo que cumpla con la ergonomía y normatividad vigentes, Adicionalmente se hicieron adaptaciones de materiales al asiento, el respaldo, descansa brazos, piernas y pies. La silla de ruedas puede adaptarse a cualquier tipo de control así como ser desplazada de una manera manual, fue realizada con materiales comerciales con bajo costo, de manera que resulta más económica que las sillas de ruedas comerciales, teniendo un diseño adaptado a las necesidades de personas con capacidades diferentes." (Montiel, y otros, 2013, p.55).

La silla de ruedas contara con un brazo mecánico, con ciertos grados de libertad para que el usuario pueda manipular cualquier objeto, dentro del hogar, al igual que su sistema motorizado que le permitirá desplazarse de un lugar a otro. Lo cual contara con baterías recargable, que pueda almacenar suficiente energía.

> "Los investigadores de La Universidad del Sur de Florida están trabajando en el perfeccionamiento de una silla de ruedas que tiene su propio brazo mecánico. El sistema utiliza para leer un EEG de ondas cerebrales y envía señales traducida al roboarm, el mismo en consecuencia se mueve en una dirección. El sistema BCI - desarrollados, utilizados y modificados por el profesor de psicología USF Donchin Emanuel y sus colegas, P-300 captura respuestas de las ondas cerebrales y las convierte en acciones. Donchin y sus colegas aprovechado el P-300 de la señal del cerebro para permitir que el usuario "tipo" en un teclado virtual por el pensamiento con el P-300 la respuesta que actúa como "dedo" virtual para los pacientes que no pueden moverse, como los que tienen bloqueado en síndrome de Down o los que tienen la enfermedad de Lou Gehrig (ALS). Los investigadores en el Departamento de USF del Centro de Ingeniería Mecánica de Ingeniería para la Rehabilitación y Tecnología, en colaboración con el Laboratorio de Psicofisiológica Cognitiva del Departamento de Psicología, modificada por la ICC más para adaptarse a un requisito específico WMRA. El montaje de la silla de ruedas debe procurar una propulsión eficaz junto con un gasto mínimo de energía. Cada usuario debido a sus circunstancias personales tiene una capacidad de propulsión distinta y a veces limitada. Por eso es importante tener en cuenta los siguientes factores importantes que permitirá buscar la composición de silla que cada usuario necesita, para poder optimizar la propulsión dentro de sus posibilidades."
>
> (Bonacina & otros, 2011, p.8).

La silla de ruedas contara con la función de subir escalera, ya que existen lugares o sitios en el no cuentan con rampas para personas discapacitada. El prototipo contara con las ruedas pertinentes y de un material altamente resisten para poder realizar dicha función.

> "La silla de ruedas china que sube y baja escaleras es un desarrollo tecnológico novedoso y práctico. Este mecanismo permite subir y bajar las escaleras gracias a una serie de ruedas que forman una estrella, el mecanismo conforme avanza va rotando sobre un mismo eje haciendo que una de las ruedas de la estrella se posicione sobre dos escalones consecutivos. El inconveniente de este modelo es que se necesita que los usuarios posean la fuerza suficiente para poder jalar o impulsarse a lo largo de toda la escalera además, en ciudades como la de México se enfrentaría a serios problemas de funcionamiento ya que el mecanismo está pensado en escalones , es decir, que tienen las mismas proporciones a lo largo de toda la escalera, en el caso de que el peralte de la misma sea más grande a lo pensado, no se podría realizar la función para la que está diseñada."
>
> (Pérez, 2010, p.21).

El reconocimiento de órdenes por medio de voz, o gestos visuales, es una buena opción para implementarla en sillas de ruedas eléctricas, ya que esta función puede ayudar a personas con una discapacidad total de sus miembros; manos, brazos, y piernas. Se optara por utilizar sensores, microcontroladores, microprocesadores, con el fin de desarrollar una comunicación hombre-máquina.

> "Este prototipo tiene como finalidad principal elaborar una silla de ruedas con control autónomo guiado por voz, incluyendo el sistema automático de movimiento y el sistema de procesamiento y reconocimiento de voz, los que conjuntan un sistema totalmente mecatrónico. El usuario entrenara los comandos y emitirá el comando de voz deseado para que la silla realice el movimiento direccional a donde se desea desplazar; los comandos de voz básicos son: "adelante", "atrás", "izquierda", "derecha", "alto". La ventaja de esta silla de ruedas es que contribuirá a mejorar la calidad de vida y las posibilidades de movimiento autónomo de las personas con capacidades diferentes" (Montoto & otros, 2007, p.179)

La silla contara con la capacidad con un sistema de control, para el desplazamiento, para la reclinación, del respaldar, las órdenes se ejecutaran mediante un teclado matricial o por comando de voz, si el usuario no cuenta con la movilidad de sus brazos.

> "El prototipo de silla de ruedas en el que se está trabajando pretende aportar nuevas capacidades para los minusválidos. En concreto, las capacidades que la silla aporta son:
>
> - Desplazamiento autopropulsado
> - Control de inclinación hacia atrás
> - Transformación en cama
> - Transformación en bipedestación
> - Transferencia silla-cama/cama-silla

> Es necesario indicar que no existe ninguna silla en la actualidad que incorpore todas estas funciones simultáneamente de forma manual, ni mucho menos de forma automatizada." (Morales & otros, 2004, p.1).

El hardware implementado para el control de la silla eléctrica, y la ejecución de las órdenes del usuario serán los siguientes:

-Plataforma arduino

-Modulo easyVR

Arduino.

El arduino es una placa programable que nos permite realizar infinidades de proyectos multidisciplinares. Este consta de un microcontrolador el cual es programable en un lenguaje de programación sencilla, al igual se puede controlar por medio de wifi, de bluetooth, por el sistema operativo Android, entre otros.

> "Arduino es una plataforma de prototipos electrónica de código abierto (open-source) basada en hardware y software exibles y fáciles de usar. Está pensado para artistas, diseñadores, como hobby y para cualquiera interesado en crear objetos o entornos interactivos. Arduino puede sentir el entorno mediante la recepción de entradas desde una variedad de sensores y puede afectar a su alrededor mediante el control de luces, motores y otros artefactos. El microcontrolador de la placa se programa usando el Arduino Programming Language (basado en Wiring1) y el Arduino Development Environment (basado en Processing2). Los proyectos de Arduino pueden ser autónomos o se pueden comunicar con software en ejecución en un ordenador (por ejemplo con Flash, Processing, MaxMSP, etc.)."
>
> (Enríquez, 2009, p.8).

Módulo easyvr.

El módulo EasyVR es una placa que se desarrolla mediante la plataforma de arduino, la función principal de este módulo es, el reconocimiento de la voz en diferentes idiomas. Que por lo cual será de gran ayuda para controlar todas las la funciones de la silla eléctrica. Así el usuario tendrá la capacidad de controlar la silla por medio de comando de voz.

> "Para el reconocimiento de voz se exploraron 3 opciones: el módulo EasyVR, el módulo SmartVR y el "MPLAB Starter Kit for dsPIC DSC". Para ver una descripción de estas 3 opciones ver el Anexo A. Al final se eligió el módulo EasyVR en su formato Shield de la marca Veear. Este módulo es el único que está diseñado para trabajar desde el primer momento con placas de Arduino. Aunque es posible conectar el más potente SmartVR con una placa Arduino, la tarea no sería trivial y se requerirían de varios componentes intermedios (cables, breadboard, etc.) además de la adquisición de un micrófono y altavoces. El modo de conexión a través de Shield de EasyVR es simple y directo. Además, esta solución ofrece en una sola placa todos los componentes para crear un sistema de reconocimiento de voz: chip encargado de reconocimiento de voz, micrófono y salida de audio."(Panta, 2012, p.14).

Hoy en día existen diferentes tipos de leguajes de programación tales como: Visual Basic, C++, c, Ensamblador, cobol, Python, java, entre otros. Estos lenguajes de programación fueron creados para darles vida a todo tipo de mecanismo. El prototipo será programado en un lenguaje de programación pertinente que cumpla con las característica adecuadas, para controlar las funciones del hardware, así como todas la funciones implantadas al prototipo.

> "La programación orientada a objetos surge en la historia como un intento para dominar la complejidad que, de forma innata, posee el software. Tradicionalmente, la forma de enfrentarse a esta complejidad ha sido empleando lo que llamamos programación estructurada, que consiste en descomponer el problema objeto de resolución en subproblemas y más subproblemas hasta llegar a acciones muy simples y fáciles de codificar. Se trata de descomponer el problema en acciones, en verbos. En el ejemplo de un programa que resuelva ecuaciones de segundo grado, descomponíamos el problema en las siguientes acciones: primero, pedir el valor de los coeficientes a, b y c; después, calcular el valor del discriminante; y por último, en función del signo del discriminante, calcular ninguna, una o dos raíces."
> (Izquierdo, 2010, p.2).

El software estará diseñado paso a paso para que cumpla con todas las funciones requeridas por el usuario, con un lenguaje de programación sencillo de comprender. Todas las órdenes del algoritmo se ejecutaran en los microcontroladores mandando las señales pertinentes para controlar todos los circuitos integrados y sus funciones al que se le haya asignado.

> "El procesador debe ser capaz de interpretar el algoritmo lo que significa:
>
> - Comprender las instrucciones de cada paso
> - Realizar las operaciones correspondientes
>
> Cuando el procesador es una computadora, el algoritmo se ha de expresar en un formato que se denomina programa. Un programa se escribe en un lenguaje de programación y las operaciones que conducen a expresar un algoritmo en forma de programa se le llama programación. Así pues los lenguajes utilizados para escribir programas de computadoras son los lenguajes de programación y programadores son los escritores y diseñadores de programas."
>
> (Joyanes L., 2005, p.19).

El tipo de programación que se implementara en el prototipo, es la programación orientada hacia objetos, utilizando previamente: micro controladores, circuitos integrados, entres dispositivos electrónicos. Con la finalidad de que cumplan con las funciones requeridas.

> "Este material fue estructurado con la finalidad de enseñar programación orientada a objetos y sus conceptos, basándose en los tres temas de paradigma orientada a objetos: abstracción, herencia y polimorfismo. Estos tres temas conformaran una base sólida para estructuración, generación y desarrollo de software; dando soluciones y/o servicios que cumplan las perspectivas de diversos segmentos de la sociedad actual".

(Kashiwamoto & otros, 2004, p.3). (2006).

Las funciones que realizará la silla de ruedas serán programadas en lenguaje c, en una plataforma arduino, lo cual constara con un display para mostrar las funciones de manejo de la silla, un teclado matricial para ingresar las opciones de movimientos de la silla, que en lo cual se basa en un lenguaje de programación sencillo de comprender, el algoritmo constara de las siguientes funciones:

- Desplazamiento
- Frenado
- Control de velocidad
- Control de la reclinación del respaldar
- Control de la bipedestación
- Control del brazo robótico
- Control de giro
- Control automático por voz

> "Una silla no se conduce sólo con una parte del cuerpo, generalmente la mano. Para conducir una silla se necesita mantener una postura estable y cómoda y esto debe conseguirse antes de valorar la parte del cuerpo con la que se conducirá y el tipo de mando de control de la silla. Si una persona no puede mantener una postura estable, especialmente del tronco, es muy difícil que pueda realizar movimientos voluntarios con las extremidades o la cabeza. Es lo que en términos médicos se llama "estabilidad proximal para realizar movimientos distales". Conseguir un buen control postural es una labor de equipo, por supuesto con la opinión y participación del usuario. Un terapeuta ocupacional o un fisioterapeuta, deben realizar una adecuada valoración de los déficits posturales y junto con un técnico ortopédico especializado elegir y adaptar el asiento, respaldo, reposacabezas y otros accesorios necesarios para mantener una postura adecuada."
>
> (Valle, 2013, p.16).

Desplazamiento.

Para el desplazamiento el usuario tendrá la opción de elegir mediante un teclado matricial conectado a una placa programable arduino, que en cual las opciones para elegir la dirección de su trayecto se mostrara en un display. El algoritmo ejecutará la orden, si el usuario decide desplazarse hacia delante, hacia atrás, hacia la derecha, hacia la izquierda.

> "El sistema de tracción desarrollado en este proyecto se ha planteado como alternativa a las sillas de ruedas con equipos eléctricos ya incorporados en fábrica. Desde un punto de vista funcional el sistema permite al usuario escoger la dirección y la velocidad de desplazamiento de la silla, seleccionar el sentido de la marcha y el modo de operación (interior – exterior). La velocidad máxima, la aceleración y la desaceleración son

parámetros programables de acuerdo con los criterios del usuario. Igualmente éste dispondrá de información referente al estado de carga de las baterías y al funcionamiento del sistema. El sistema se puede dividir en dos subsistemas, el de potencia y el de control."

(Jaén & López, sin fecha, p.1).

Control de velocidad.

Para el sistema de control de velocidad, se usara la función de arduino pwm (modulación por ancho de pulso), esta función nos permitirá controlar la velocidad de los motores de corriente continua, esto básicamente consistes en variar el tiempo en que el motor recibe una tensión, al recibir tensión de una forma constante, esto provocara que aumente la velocidad y la potencia. Al aumentar la velocidad y la potencia la silla se podrá desplazarse en un plano inclinado, o en línea recta sin ninguna dificultad.

> "Dentro de este sistema se ha encuadrado a todos aquellos componentes encargados de suministrar energía eléctrica y de transformar la energía eléctrica en mecánica. También se incluyen dentro de este sistema los mecanismos de desacoples motrices y los que permitan el plegado del conjunto. Las partes principales del sistema electromecánico son:
>
> 1. Los motores. Tomando como consignas la velocidad, autonomía, capacidad de carga e inclinación de pendientes a subir, se optó por la adquisición de dos motores de corriente continua de imán permanente de 150W, 2000 r.p.m. (velocidad motora inicial) y 24v."
>
> (Celestino & otros, 2004, p.2).

Control de la reclinación del respaldar.

Existen muchas maneras en que un mecanismo robótico o mecánico eléctrico pueda convertirse en un gran apoyo para la asistencia de una persona con problemas motrices, existen nuevos mecanismos desarrollados exclusivamente para darle una mejor comodidad. Para el control de la reclinación de del respaldo de la silla eléctrica, el software creado permitirá que el usuario elija la postura o la inclinación del respaldar de la silla, que mejor se ajuste a sus necesidades.

-Extensión a toda la columna constituyendo la espalda como base de apoyo

-Flexión y elevación de las piernas

- Mejorar la postura

> "El respaldo de la silla debe ser regulable en altura y ángulo de inclinación, para adaptarse a las distintas tipologías personales. Para los trabajos de oficina es fundamental la existencia de un apoyo lumbar, que debe situarse hacia el espacio comprendido entre las vértebras L3 y L5. Con ello se disminuirá la curvatura anómala de

la columna vertebral (lordosis lumbar) y se aliviará la tensión muscular en la zona. Esta función se ve mejorada con la ayuda de un almohadillado que ayude a mantener la correcta curvatura de 8 la columna. El respaldo conviene que llegue, como mínimo, hasta la parte media de la espalda, es decir debajo de los omoplatos, y no debe ser demasiado ancho en su parte superior para no restar movilidad a los brazos. Todo ello para mantener una correcta posición de trabajo, que permita al tronco estar erguido frente al plano de trabajo y lo más cerca posible del mismo, manteniendo un ángulo de codos y de rodillas de alrededor de los 90 grados. La cabeza y el cuello deben estar lo más rectos posible. En cuanto al ángulo asiento-respaldo, éste debe ser regulable, con una buena elección del sistema de ajuste. Un buen sistema es aquel que permite la variación conjunta de la inclinación del asiento y del respaldo, cuando existe la opción de dejar que la silla siga los movimientos de la espalda del usuario, dando así apoyo en cualquier posición del usuario. Para ello es fundamental que el mismo usuario ajuste la tensión de basculación a su peso, lo cual implica que el sistema debe ser fácilmente identificable y cómodo de usar. Algunos sistemas disponen de un dispositivo antirretorno, que evita los impactos al pasar de una inclinación fina a la opción del contacto variable de forma permanente, lo cual mejora las prestaciones de la silla."

(Pachón, 2007, p.8).

Control de giro.

El control de giro de los motores del prototipo, es la parte primordial para el funcionamiento de la silla de rueda eléctrica, ya que nos ayuda a controlar el desplazamiento: izquierda-derecha, avanzar-retroceder, es por ello que se requiere invertir el giro de los motores utilizando un puente H en arduino, esto permitirá que cuando se requiera invertir el giro de algún motor, el arduino programable mandara la señal al puente H.

"Un puente H es un circuito electrónico que permite a los motores eléctricos ser activados en ambos sentidos de giro, y a la vez permite controlar variables como velocidad y torque de los mismos; estos circuitos son de uso frecuente en robótica. Los puentes H están disponibles en el mercado como circuitos integrados, o pueden ser construidos con componentes obtenidos por separado. El término "puente H" se deriva de la representación gráfica típica del circuito. Un puente H se construye con cuatro interruptores (de estado sólido o mecánico). Para el caso de un motor de corriente directa, cuando los interruptores S1 y S4 están cerrados, con S2 y S3 abiertos, una tensión positiva es aplicada en el motor CD, el cual puede cambiar su sentido de giro al revertir la polaridad de la tensión de sus terminales; al abrir S1 y S4, y cerrar S2 y S3, la tensión en sus bornes es invertida y permite que el motor gire en sentido contrario."(Centeno, 2008, p.27).

Control del brazo robótico.

La implementación del brazo robótico en la silla de ruedas le permitirá al usuario, manipular cualquier objeto a cierta distancia, de igual manera le servirá de apoyo para el traslado de: silla-cama, silla-W.C. y viceversa. El software se adaptara a la complejidad del problema en la movilidad de las extremidades de la persona. Por consiguiente la silla de rueda eléctrica constara de opciones de manejo las cuales son las siguientes:

- Control automático por medio de un teclado matricial

- control automático por comandos de voz

> "La idea para controlar el brazo consiste en la pulsación de una tecla que indique la cantidad de grados que el módulo debe moverse. Por ejemplo, podemos asignar una cantidad fija de 10 grados cada vez que se pulse una tecla. De esta manera, si pulsáramos "W", se estaría indicando que el usuario quiere que el módulo se mueva de manera ascendente 10 grados respecto de la posición en la que se encuentra en ese momento. Al iniciar el software, el brazo ha de estar en reposo (completamente en vertical)."
>
> (Aguilar, 2012, p.56).

Control por voz.

Para controlar la silla de rueda por medio de la voz del usuario, se usara el módulo EasyVR, este módulo recibirá la orden del usuario y la enviara al microcontrolador para ejecutar la orden. El microcontrolador estará programado en el lenguaje de programación c, todas las funciones se ejecutaran por medio de este módulo. Es importante mencionar que la utilización del módulo EasyVR, es una gran aportación para el avance tecnológico, para mejorar la calidad de vida de personas que tengan problemas con la movilidad total de todas sus extremidades, permitiéndole así mismo realizar ciertas tareas con las siguientes funciones:

- Desplazamiento
- Frenado
- Control de velocidad
- Control de la reclinación del respaldar
- Control de la bipedestación
- Control del brazo robótico

> "Los sistemas de reconocimiento automático de voz o habla, frente a otros sistemas de interacción hombre-máquina como teclados, paneles, etc., proporcionan una mayor naturalidad, así como un amplio rango de utilización por parte de diferentes tipos de usuarios en distintos entornos de operación. No obstante, a pesar de los grandes avances realizados, se está todavía muy lejos de un sistema de reconocimiento automático de voz universal que funcione bien en cualquier aplicación a la que sea destinado. En general, el diseño y las características de los actuales sistemas de reconocimiento automático de voz dependen fuertemente de la aplicación a la que van a ser destinados y a las condiciones de funcionamiento."
>
> (Fandiño, 2005, p.2).

Conclusión

Es importante reconocer que la elaboración e implementación de mecanismos robóticos asistencial, puede ayudar a mejorar la calidad de vida de las persona que presenten alguna discapacidad motora. Lo cual le ayudara a realizar ciertas actividades cotidianas y también mejorar su condición de vida, tanto personal como social.

Fuentes de consulta

Tesis

Alberto Jardón Huete. (2006). Metodología de diseño de robots de asistenciales. Aplicación al robot portátil ASIBOT (Tesis doctoral).

Ángeles Forner Cordero. (2011).Tetraplejia traumática tras factura vertebral cervical (Tesis doctoral).

Eduardo. D. (2013) "Interfaz accesible persona-robot para un brazo articulado portátil". (Tesis de licenciatura).

Edwin Esteban Centeno Romero. (2008). Diseño de un control electrónico para una silla de ruedas (Tesis de licenciatura)

Javier Alejandro López Celi. (2013). Diseño de un prototipo de silla de rueda eléctrica, con sistema de ascenso y elevación (Tesis de titulación).

Rafael Pérez Girón. (2010). Propuesta de diseño de un mecanismo innovador para una silla de ruedas (Tesis de licenciatura).

Revista

Gonzales, j., Galindo, c., Fernández, J.A., blanco, J. I, Muñoz. A, Arévalo, v. (2008). La silla robótica Sena. Un enfoque basado en la interacción hombre-máquina, 5(2) ,1-10. Recuperado de

http://recyt.fecyt.es/index.php/RIAII/article/viewFile/826/562

Montiel, D., Ventura, L., Posada, R., Hernández, I., Martínez, A. & Águila, G. (2013).Prototipo de Silla de Ruedas como Plataforma de Interfaz de Control Gestual. La Mecatrónica en México, Vol. 2, No. 2, p 55-66. Recuperado de

http://www.mecamex.net/revistas/LMEM/revistas/LMM-V02-N02-02.pdf.

Libros

Luis J. A. & Ignacio Z.M. (2005). Programación en c: Metodología, algoritmos y estructura de datos. Madrid: McGraw-Hill.

Referencias web

Abad. I. (2012) "Tratamiento fisioterápico de un caso de hemiplejia mediante el método Bobath". Recuperado de http://www.cpmc.org/learning/documents/rg-stroke-span.pdf

Aguilar A. (2012) "Diseño, impresión, montaje y control de un manipulador robótico". Recuperado de http://e-archivo.uc3m.es/bitstream/handle/10016/16922/TFG_Alejandro_Aguilar_Romero.pdf?sequence=3.

Bonacina. R., Ruani. M., Frontini. M. (2011) "Silla de Rueda Inteligente". Recuperado de http://www.dsi.fceia.unr.edu.ar/downloads/Silla_Rueda_Bonacina_Ruani_Frontini.pdf

California Pacific Medical Center. (2010). "Sus Cuidados En El Hospital Y En El Hogar". Recuperado de http://www.cpmc.org/learning/documents/rg-stroke-span.pdf

Celestino B. Brutti, Aníbal J. Sattler, Darío Albacetti, Alberto R. Canavelli y Carlos B. Donisi. (2004) "Motorización de Sillas de Ruedas Convencionales: Unidad totalmente desarmable y con exclusivo sistema de desacople de motores para tracción manual". Recuperado de http://www.bioingenieria.edu.ar/grupos/geic/biblioteca/archivos/Trabypres/T10EPAr31.pdf .

Eduardo f. tizzano. (2006) "Contribuciones para el conocimiento, prevención y tratamiento de la enfermedad y para la organización de familias". Recuperado de

http://www.asemgalicia.com/biblioteca/monograficos_documentos/Atrofia%20muscular%20espinal%20Contribuciones.pdf

Enríquez. R. (2009). "Guía de Usuario de arduino". Recuperado de http://www.uco.es/aulasoftwarelibre/wp-content/uploads/2010/05/Arduino_user_manual_es.pdf.

Fandiño. D.A. (2005) "Estado del arte en el reconocimiento Automático de voz". Recuperado de http://www.geocities.ws/deibywolf/Estado_del_arte.pdf.

Gutiérrez. M., Molina., M. Prieto. L., Parra. J., Bueno Sánchez. A. (2013). "'Osteogénesis Imperfecta: Nuevas Perspectivas". Recuperado de http://www.ahuce.org/Portals/0/Publicaciones/Aspectos_Generales/osteogenesis_imperfecta_Nuevas_Perspectivas.pdf

Izquierdo. L. (2010). "Introducción a la Programación Orientada a Objetos". Recuperado de http://luis.izqui.org/resources/ProgOrientadaObjetos.pdf

Jaén. C., López R. "Sistema de motorización de bajo coste para una silla de rueda". Recuperado de http://www.jcee.upc.es/JCEE2001/PDFs2001/Cadira.pdf.

Khan F, Ng L, Amatya B, Brand C, Turner-Stokes L. Atención multidisciplinaria para el síndrome de Guillain-Barré (Revisión Cochrane traducida). Cochrane Database of

Systematic Reviews 2010 Issue 10. Art. No.: CD008505. DOI: 10.1002/14651858.CD008505

Kashiwamoto. J., Ibarra. M., Canales. A. (2004) "Programación orientada a objetos". Recuperado de

http://www.capacinet.gob.mx/Cursos/Tecnologia%20amiga/desarrolladordesoftware/POO_SE.pdf

Montoto. J. & Gutiérrez. A. (2007). "Silla de Ruedas Controlada por Voz". Recuperado de: www.mecamex.net/anterior/cong06/articulos/**60734final**.pdf

Morales, R., Becedas. J., Feliu. V. (2004) "Automatización de un prototipo de silla con accionamiento eléctrico y capacidad de transferencia a la cama." Recuperado de
http://www.ceautomatica.es/old/actividades/jornadas/XXV/documentos/18-afrreraora.pdf

Moreno. M, pilar. M. (2012) "cuerpo y corporalidad en la paraplejia: significado de los cambios" Recuperado de
http://www.scielo.org.co/pdf/aven/v30n1/v30n1a09.pdf

National Limb Loss Information Center. (2006). "Estadísticas de amputaciones según la causa Pérdida de extremidades en los Estados Unidos". Recuperado de
http://www.amputeecoalition.org/spanish/fact_sheets/amp_stats_cause.pdf

Panchón. A., Durá. A. (2007). "Análisis de la ergonomía de dos modelos de sillas de oficina del programa atenea". Recuperado de http://www.dileoffice.com/recurso/pagina/archivo/Certificados%20Aidima%20ESP/atenea_estudioergonomia_esp.pdf.

Panta. J. (2012) "Control domótico por voz".
http://riunet.upv.es/bitstream/handle/10251/17631/Memoria.pdf?sequence=1.

Ramos R., Baryolo. A. (2005) "Rehabilitación del Amputado de Miembro Inferior".

Recuperado de http://www.sld.cu/galerias/pdf/sitios/rehabilitacion-bio/manual_de_amputados.pdf

Romero. J. (2010) "Enfermedad arterial periférica". Recuperado de

http://www.podologiaeuskadi.com/Enfermedad_arterial_periferica.pdf

(2005) "Consideraciones Biomecánicas". Recuperado de

http://www.sld.cu/galerias/pdf/sitios/rehabilitacionbio/imagina__biomecanica_de_una_silla_de_ruedas.pdf

Valle. I. (2013) "Sillas de ruedas eléctricas. Opciones de mandos de control y cambios de postura". Recuperado de
http://www.ceapat.es/InterPresent2/groups/imserso/documents/binario/sillasderuedas.pdf